niveau
de lecture
4

Tous lecteurs !

Aztèques et Mayas

Robert Coupe

traduit par Lucile Galliot

hachette
ÉDUCATION

Sommaire

De grandes villes	4
Sur la place du marché	6
L'agriculture	8
La chasse et la pêche	10
La vie de famille	12
Aliments et boissons	14
L'artisanat maya et aztèque	16
Un peuple guerrier	18
Écriture et gravure	20
Les temples	22
La pyramide du Magicien	24
Dieux et déesses	26
La conquête espagnole	28
Quiz	30
Lexique	31

hachette s'engage pour l'environnement en réduisant l'empreinte carbone de ses livres. Celle de cet exemplaire est de : **350 g éq. CO$_2$** Rendez-vous sur www.hachette-durable.fr

PAPIER À BASE DE FIBRES CERTIFIÉES

ISBN : 978-2-01-117606-6
Copyright 2008 © Weldon Owen Pty Ltd.
Pour la présente édition, © Hachette Livre 2010, 58 rue Jean Bleuzen, CS 70007, 92178 Vanves Cedex.
Tous droits de traduction, de reproduction et d'adaptation réservés pour tous pays.

Entre l'Amérique du Nord et l'Amérique du Sud se trouvait un territoire appelé Méso-Amérique*. Au XVIe siècle, des soldats espagnols sont arrivés sur ces terres et en ont pris le contrôle. Les Mayas et les Aztèques ont vécu en Méso-Amérique pendant des siècles, mais ces grandes civilisations ont finalement disparu.

De grandes villes

Les Mayas et les Aztèques ont construit d'immenses cités*. Un grand nombre d'édifices* ont résisté au passage du temps, d'autres sont tombés en ruine. Les Aztèques ont bâti leur capitale*, Tenochtitlán, il y a 700 ans environ. C'est là que la ville de Mexico se trouve aujourd'hui.

Le sais-tu ?

À partir du Xe siècle, les Mayas ont abandonné la plupart de leurs grandes cités. Depuis, la nature a repris ses droits et les ruines ont disparu sous la végétation.

Palenque était une des grandes cités mayas. Elle a été bâtie il y a 1 400 ans environ. Son temple* est en forme de pyramide*.

Sur la place du marché

Les peuples de Méso-Amérique* n'utilisaient pas de monnaie. Au marché, ils échangeaient leurs biens contre des aliments ou d'autres biens. Dans certaines cités*, les gens payaient leurs courses avec des haches en cuivre. De nombreuses femmes vendaient de la nourriture ou des objets qu'elles fabriquaient.

Dans les plus grandes cités, il y avait un marché tous les jours. Dans les villes plus petites, ces foires au troc* étaient organisées tous les 5, 9, 13 ou 20 jours.

un client

une marchande

des aliments

8

L'agriculture

Les Mayas et les Aztèques cultivaient une grande variété de produits. Ils travaillaient dur car ils n'avaient pas d'animaux de trait* pour les aider à tirer ou à porter de lourdes charges. Les fermiers ensemençaient* la terre à l'aide d'un bâton muni d'une pointe. Le maïs* était la culture principale. Dans la forêt, on faisait pousser des haricots et d'autres légumes.

une chinampa

Les fermiers aztèques prélevaient de la boue dans le fond des lacs pour créer des chinampas, sortes de jardins flottants où ils faisaient pousser du maïs et d'autres plantes.

9

du maïs

La chasse et la pêche

Les Aztèques et les Mayas ne pratiquaient pas l'élevage*. Ils chassaient, à la lance ou à l'arc, les animaux sauvages : sangliers, biches, lapins et renards.
Sur les lacs, ils pêchaient au filet dans de petites barques à fond plat. En mer, ils utilisaient des cannes à pêche et des hameçons.

un filet de pêche

un chasseur
de gibier

Les pêcheurs aztèques utilisaient de longs bâtons pour pousser les poissons dans leurs filets. Souvent, leurs fils les accompagnaient pour apprendre l'art de la pêche jusqu'à ce qu'ils puissent se débrouiller seuls.

La vie de famille

La majorité des populations de Méso-Amérique* habitaient hors des villes. Ils vivaient dans des villages de plusieurs familles dans de petites maisons modestes* au toit de chaume*. Les murs étaient souvent en briques de terre cuite* ou en bois. Les hommes et les adolescents allaient chasser et pêcher tandis que les femmes prenaient soin des enfants et entretenaient la maison.

la préparation du repas

Les jeunes filles aidaient leur mère aux travaux ménagers. Elles balayaient la maison à l'aide d'un fagot de brindilles fixé à un manche, et apprenaient à tisser.

Aliments et boissons

Pour les Mayas et les Aztèques, le maïs* était l'aliment de base. Ils le moulaient pour en faire de la farine qu'ils utilisaient pour confectionner des sortes de galettes appelées tortillas*.
Elles accompagnaient chaque repas, constitué également de fruits et de légumes variés.

Nouveaux aliments

Quand les conquistadores* espagnols sont arrivés en Méso-Amérique* au XVIe siècle, ils ont découvert des aliments qu'ils n'avaient jamais vus ni goûtés auparavant : haricots, tomates, avocats, maïs, cacahuètes, ananas...
S'ils nous sont si familiers aujourd'hui, c'est parce qu'ils en ont rapporté en Europe !

des produits de Méso-Amérique

Les Aztèques et les Mayas cultivaient une grande variété de légumes. À l'aide d'un pilon, sorte de caillou allongé, et d'un mortier, plat creux en pierre, ils broyaient des piments et d'autres légumes pour faire des sauces.

un mortier et un pilon

Le sais-tu ?

Le pulque est une boisson alcoolisée issue de la sève d'une plante, le maguey. Les Aztèques en buvaient au cours de certaines cérémonies religieuses.

L'artisanat maya et aztèque

Les artisans méso-américains façonnaient des pots, sculptaient des statues, créaient des masques et des bijoux… Les masques étaient conçus en bois, en pierre, en jade*, en or ou autre matériau précieux. Ils utilisaient des plumes colorées pour confectionner des capes et des coiffes spectaculaires.

Ni les Mayas ni les Aztèques n'utilisaient de tour de potier. Ils modelaient l'argile à la main, puis peignaient des décorations dessus.

Le sais-tu ?

Lorsqu'un chef ou une personne puissante était enterré, on plaçait souvent un masque sur son visage et de nombreux pots précieux près de son corps.

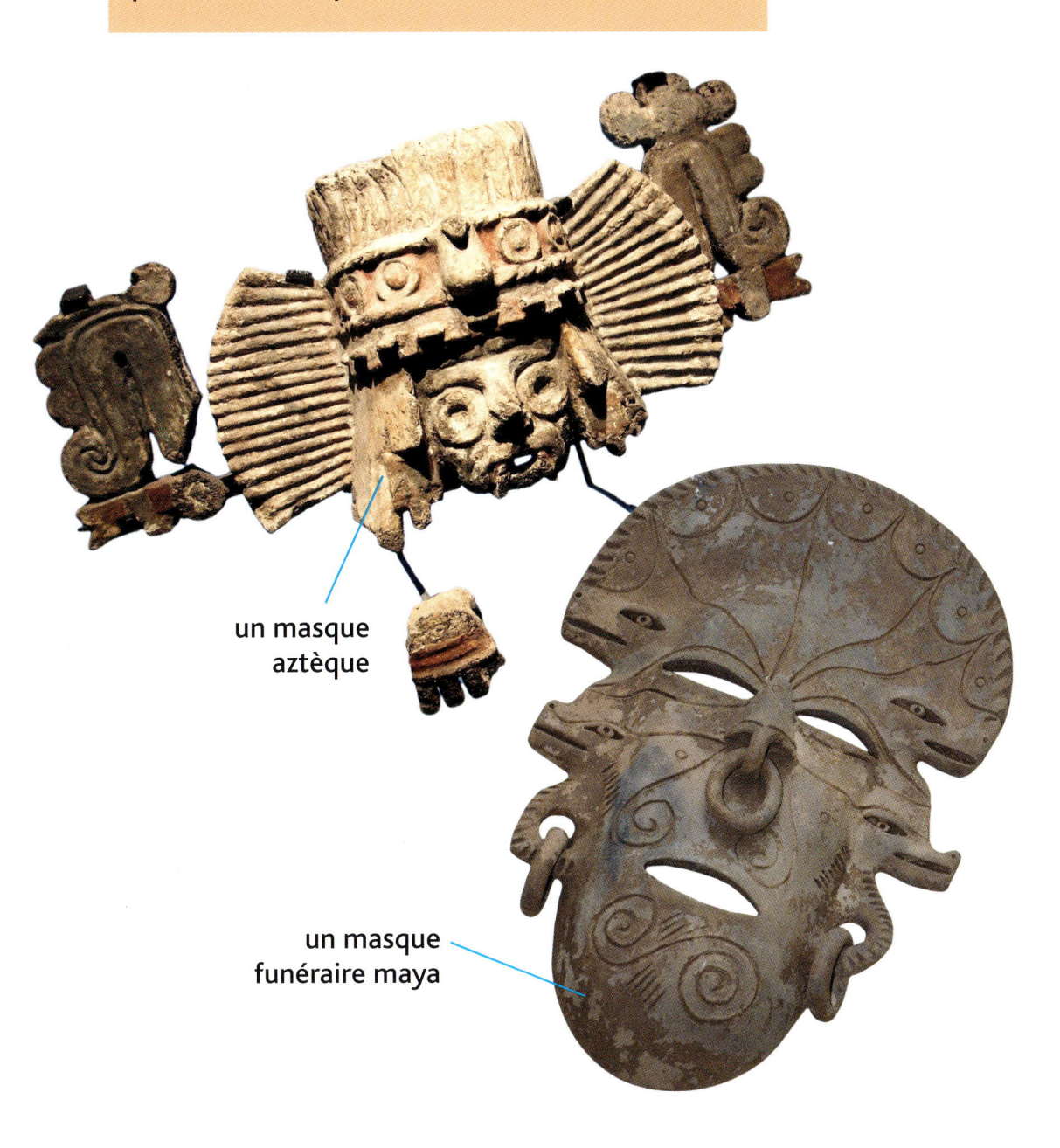

un masque aztèque

un masque funéraire maya

Un peuple guerrier

Les Aztèques étaient des guerriers. Tous les jeunes hommes suivaient un entraînement de soldats. Comme les Mayas, ils tuaient des êtres humains lors des cérémonies religieuses. Lorsqu'ils revenaient de guerre, les Aztèques offraient leurs prisonniers en sacrifice* à leurs dieux.

Plus le soldat aztèque faisait de prisonniers, plus son uniforme de guerre était élaboré*.

19

Un soldat aztèque s'empare d'un prisonnier.

un guerrier aztèque

un prisonnier

Écriture et gravure

Les Mayas ont développé un système d'écriture à base de dessins. Certains dessins, appelés glyphes*, correspondaient à des mots entiers. D'autres représentaient des syllabes qui, mises bout à bout, formaient des mots puis des phrases.

Livres illustrés

Les Aztèques ont également développé une forme d'écriture mais bien moins complexe* que celle des Mayas. Leurs livres, conçus à partir d'écorce de figuier, se présentaient sous la forme de longues bandes de papier pliées en accordéon. Ces livres portent le nom de codex.
Les dessins, ci-contre, représentent un dieu aztèque : Quetzalcóatl. Son nom signifie « serpent à plumes ».

Selon les croyances aztèques, les dieux ont créé plusieurs mondes qui ont été détruits les uns après les autres. Les Aztèques croyaient vivre dans le cinquième monde. Les gravures, sur ce disque de pierre connu sous le nom de Pierre du Soleil, racontent l'histoire de ces destructions. Au centre se trouve le dieu du soleil, Tonatiuh.

Les temples

Les Mayas ont bâti d'immenses temples* de pierre en forme de pyramides*. L'un des plus imposants se dressait à Tikal, dans l'actuel Guatemala. Cet édifice religieux faisait partie d'une immense ville qui, au IXe siècle, comptait environ 50 000 habitants. Aujourd'hui, il ne reste plus que des ruines entourées d'une épaisse jungle.

Le sais-tu ?

Les murs extérieurs des temples mayas étaient bâtis en calcaire, puis recouverts de plâtre.

La majorité des grands temples mayas ont été construits il y a environ 1 500 ans. Celui de Tikal contient plusieurs tombes de rois.

23

La pyramide du Magicien

Cette pyramide* maya dite « du Magicien » se trouve à Uxmal, au Mexique. Elle a plus de 1 100 ans. À l'intérieur se trouvent trois autres temples* plus anciens. Son nom provient d'une ancienne légende maya qui raconte comment le dieu Itzamna a utilisé sa magie pour construire ce temple en une seule nuit.

Cette pyramide possède une forme ovale très inhabituelle. De chaque côté, des escaliers très raides mènent au sommet ; ils sont bordés de sculptures de Chac, le dieu de la pluie.

25

Dieux et déesses

Selon les croyances aztèques et mayas, le monde était sous le contrôle de dieux et de déesses. Chacun d'entre eux était chargé d'une responsabilité spécifique*. Les Aztèques croyaient que le dieu du soleil, Tonatiuh, n'acceptait de se déplacer dans le ciel qu'en échange de sacrifices* humains.

Tonatiuh

Chez les Aztèques, Tlaloc était le dieu de la pluie. Celui des Mayas s'appelait Chac. Les deux peuples leur offraient des sacrifices d'enfants afin que les cultures ne manquent pas de pluie.

27

La conquête espagnole

Entre 1492 et 1504, Christophe Colomb a traversé l'océan Atlantique à quatre reprises pour relier l'Espagne à l'Amérique latine. Peu après, des conquistadores* espagnols ont débarqué sur les territoires aztèques et mayas. En 1521, ils se sont emparés de Tenochtitlán, la capitale* aztèque.

Peu après leur arrivée, les Espagnols ont pris le contrôle du « Nouveau Monde ». De nombreux galions* sont repartis vers l'Espagne, les cales chargées d'or, d'argent et d'autres trésors aztèques et mayas.

Le sais-tu ?

Les Espagnols ont apporté avec eux des maladies inconnues des Méso-Américains*. Beaucoup d'entre eux sont morts de la rougeole et de la variole.

Quiz

Remets ces lettres dans le bon ordre, puis associe chaque mot à l'image qui lui correspond.

QASMUE

DRYAMPIE

SAMÏ

RUGERRIE

Lexique

animal de trait : animal domestique que l'homme utilise pour l'agriculture et le transport.

capitale : ville où se trouve le gouvernement d'un pays.

chaume : paille servant à couvrir les maisons.

cité : ville.

complexe : compliqué.

conquistador : conquérant espagnol.

édifice : vaste construction, grand bâtiment.

élaboré : avec de nombreux éléments de décoration.

élevage : nourrir et soigner des animaux destinés à fournir du lait ou de la viande.

ensemencer : mettre des graines en terre pour qu'elles poussent.

galion : grand bateau à voiles.

glyphe : dessin qui représente un mot ou une syllabe.

jade : pierre verte utilisée pour faire des bijoux.

maïs : céréale constituée de grains jaunes et cultivée par l'homme.

Méso-Amérique : territoire situé en Amérique latine où habitaient les Aztèques et les Mayas.

modeste : simple.

pyramide : monument à quatre faces en forme de triangle.

sacrifice : offrande que l'on fait lors d'une cérémonie religieuse pour gagner la protection des dieux.

spécifique : particulier à quelqu'un ou à quelque chose.

temple : bâtiment où l'on prie un ou plusieurs dieux.

terre cuite : matière obtenue par la cuisson de l'argile.

tortilla : galette à base de maïs.

troc : échange de biens.

Illustrations : couverture : Sally Launder ; 1, 3, 6, 13, 18-19, 22-23, 30 (bas gauche, haut droit) : Sally Launder ; 28-29 : Martin Macroe/Folio ; 24-25, 30 (bas droit) : Ian McKellar
Crédits photographiques : 20-21 (bas), 26 : Corbis ; 15 gauche, 16, 21 (haut) : iStock ; 27 : Photolibrary ; 4-5, 17, 30 (haut gauche) : Shutterstock
Mise en pages : Cyrille de Swetschin